U0004861

科學驚奇探索漫畫 1
SCIENCE WONDER QUEST
恐龍白堊紀冒險

漫畫
桃田さとみ

企劃
土屋健

監修
北海道大學綜合博物館
小林快次

翻譯
謝晴

晨星出版

CONTENTS

目錄

讓恐龍從智慧型手機裡跑出來

請用智慧型手機來看有AR記號的頁面吧。恐龍的動畫看起來就像從螢幕裡跑出來喔！請跟家人一起討論吧。

給家人

1 請下載APP

請在「Google Play」或「App Store」下載免費的APP「ARAPPLI」。

2 掃描

請啟動APP，將智慧型手機拿到書上，手機拿直的，將書中有AR記號的頁面全部掃描過。

▲AR記號

112
ページ

3 來觀察恐龍的3D動畫

恐龍動態與骨骼會顯現在畫面上。如果你將手機傾斜的話，就能從各種不同角度來觀察，也可以放大縮小。

4 與恐龍合照

你也可以跟動態恐龍一起拍張照喔。

動作環境

※ 智慧型手機APP「ARAPPLI」需要iOS7.8、Android4以上版本。
※ 不支援平板電腦。
※ Android系統，會因為手機上的其他app、記憶體等使用情況，讓APP無法正常操作，解決方法請看：http://www.arappli.com/faq/private
※ iPhone®是Apple inc 的商標，iPhone商標是經由蘋果公司授權使用的。
※ Android™是Google inc的商標。※ARAPPLI是arara公司的登記商標。
※ 所提及之公司名稱、商品名稱、服務等，皆是各所屬公司的商標和登記商標。

有關動畫無法順利撥放

● 掃描的那個頁面太暗或太亮的話，動畫則無法順利播放，請調整一下燈光等。
● 請確認一下，是否同時使用多個APP，這會讓動畫無法順利播放。
● 請在收訊良好的地方使用。
● 動畫無法順利播放的話，請先暫時將手機移開頁面，再重新對準頁面，即能順利播放。

若是沒有智慧型手機的話

網頁上也有公開動畫。請用電腦連結以下網頁。
學研的圖鑑LIVE：http://www.zukan.gakken.jp/live/movie

人物介紹

小陸 ▶

不是學校的風雲人物，
成績也普普通通。
既怕麻煩又懶散，
但是……他可是主角！優點是
會熱衷於感興趣的事物，
還有抱持探究的精神，
產生「為什麼」的疑問。

◀ 可羅納

因為父親的命令
來到地球尋找「為什麼」的奇妙生物。
只要帶著探索書與工具箱等神奇道具，
就能去海裡、回到過去，
或任何想去的地方冒險。
他最喜歡地球的零食！
說話習慣在最後加上「可羅」。

琪拉拉 ▶

她最喜歡毛絨絨、
漂亮、可愛的東西。
雖然個性大方穩重又溫和,
但很好勝。
缺點是常會多嘴說出不該說的話。

◀ 銀河

熱愛運動、熱愛玩具,也喜歡打架。
班上的流行指標和麻煩製造者。
膽子大,因此在冒險當中相當活躍。
美中不足的是沒耐性。

撫子老師 ▶

她是超級科學社團的指導老師。
有時她會突然講出
讓人驚愕不已的無聊笑話。

第1章 從天而降的怪事

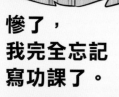

慘了，
我完全忘記
寫功課了。

又要惹
撫子老師
生氣了～～。

小～陸～
我上次不是說過你再忘記寫
作業的話，就會處罰你嗎？

算了，
吃完甜甜圈後再
認真寫好了。

接住

飄走～

奇怪？

探索
筆記　「恐龍（Dinosaur）」這個單字是英國古生物學者理查・歐文在西元1842年時
　　　創造出來的。

7

探索筆記 有各種不同領域的人在研究恐龍，其中主要研究化石方面的被稱為「古生物學」。

啪！

哇啊啊。

是什麼東西碰到我的臉!!

!?

咕嚕

這個是什麼？

探索筆記 最早開始研究恐龍化石、發表報告是始於西元1824年，距今200年左右。

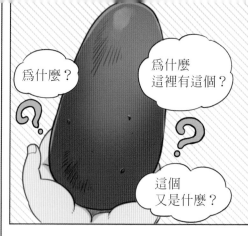

為什麼？

為什麼這裡有這個？

這個又是什麼？

你覺得這個是什麼？可羅。

!?

是不是吃的東西啊？

啃啃

那個不可以吃啦！！

哈哈

你很有趣耶！

好！就決定是你了！可羅。

什麼？

 探索筆記　恐龍在中生代的白堊紀時期最繁盛。
日本也在白堊紀的地層中發現許多恐龍的化石。

你沒注意的話很危險的。可羅。

有沒有搞錯啊！也出來太多東西了吧!?

好痛。

找到啦！找到啦！

好痛喔……

那本書是什麼？

這是「探索書」。

有了它就能去有恐龍的時代呢！可羅。

哇！好厲害喔！借我看～借我看～

哇啊啊啊，被吸進去了～。

啊！你不可以隨便拿啦。可羅。

立刻把書闔起來！可羅！

恐龍生存的時代

據我們目前所知，恐龍生存的世界與現在的地球相較，無論是陸地的位置、形狀，還是氣候都有很大的差異，尤其是白堊紀，氣候非常溫暖。

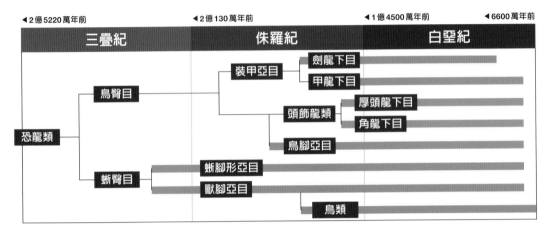

◀2億5220萬年前	◀2億130萬年前	◀1億4500萬年前	◀6600萬年前
三疊紀	侏羅紀	白堊紀	

恐龍類
- 鳥臀目
  - 裝甲亞目
    - 劍龍下目
    - 甲龍下目
  - 頭飾龍類
    - 厚頭龍下目
    - 角龍下目
  - 鳥腳亞目
- 蜥臀目
  - 蜥腳形亞目
  - 獸腳亞目
    - 鳥類

恐龍種類不斷增加

最早的恐龍是在距今約2億3千萬年前的三疊紀後期出現的蜥臀目恐龍。從那時起，經過1億6千萬年，隨著恐龍的進化，種類不斷增加。

恐龍活在怎樣的世界裡？

　　恐龍生存的時代稱為「中生代」。中生代分成三個「紀」，從最早開始分別為「三疊紀」、「侏羅紀」、「白堊紀」。就目前所知，恐龍最早出現的時期為約2億3千萬年前的三疊紀後期。之後，尤其是侏羅紀以後，恐龍在地球許多區域都大量繁衍，數量增加許多。根據最近的研究，連阿拉斯加等寒冷地區都有恐龍的足跡。我們哺乳類祖先的數量也慢慢增加了，但因為害怕恐龍，很多哺乳類可能是在恐龍睡眠的夜間才出來活動。

　　暴龍生存的時代是在白堊紀最後期，距今約7千2百萬年至6千6百萬年前的時候。在這個時期，森林與樹林中的植物多半與現在沒什麼不同，不過氣溫比現在要溫暖許多。

　　暴龍屬於蜥臀目的獸腳亞目，這個分類的恐龍包括肉食性恐龍與一部分的雜食、草食性的恐龍。除此之外，恐龍還有有許多不同的種類。

蜥臀目與鳥臀目

恐龍分成兩大類，有骨盆形狀近似蟲類的蜥臀目以及與鳥類相似的鳥臀目。

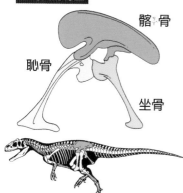

蜥臀目的骨盆

髂骨

恥骨

坐骨

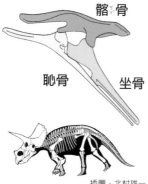

鳥臀目的骨盆

髂骨

恥骨

坐骨

插圖・北村雄一

組成骨盆的骨頭中，恥骨向前延伸，如：暴龍等。

組成骨盆的骨頭中，恥骨向後連結，如：三角龍等。

白堊紀

許多當時的植物現在也還能夠看到

三疊紀

侏羅紀

插圖・MAKAPEAKIO＋北村雄一

三疊紀與侏羅紀的森林是由蕨類植物與裸子植物所構成，因為幾乎沒有被子植物，所以幾乎沒有花朵生長。

除卻雜草，植被幾乎與現在相同

生長於白堊紀的植物與現在一樣，大部分是有種子的被子植物，但是幾乎沒有被稱為「雜草」的野草類植物。

照片・PIXTA

樟樹，常青樹，日本神社等地方常見的樹木。

法國梧桐（左）與紫玉蘭（右），落葉樹，是常見的行道樹。

非常溫暖的白堊紀

白堊紀是非常溫暖的時代，當時地球上沒有一處有冰河，加上地殼變動的影響，海平面比現在還要高3百公尺以上。

常 規

地球上的生物持續演化。

啊啊啊啊啊啊
啊啊啊啊啊啊啊啊啊啊
啊啊……

啊?
在外面了?

這裡是
哪裡……?

第2章

白堊紀之海

探索筆記　白堊紀的「白堊」是根據法國巴黎盆地裡的白色地層來命名的。

我們

該不會……

真的……

  白堊紀的海水溫度在接近赤道的地方是32度，在接近日本緯度的地方是26度。比現在的溫度高出許多。

27

哇～！

【古巨龜】

全長約4公尺，體重有2噸，在目前所知的資料中是最大的海龜。
背甲的骨頭上有洞，構造很輕盈。

【薄板龍】

身長約14公尺，頸部的長度是8公尺，在蛇頸龍裡牠也是頸部最長的一個，牠的大魚鰭就像船槳般划動游泳，是肉食動物。

哎！手機會講話!?

請多多指教。

設定成自動解說模式。可羅。

有好多沒看過的魚貝類喔～！！

【劍射魚】

身長約5公尺，別名是「Portheus molossus」，曾發現過吞下一隻身長2公尺魚的劍射魚化石，可以說是海中之王。

箭石目

  菊石類為了要咬碎食物，所以有好幾排細小的牙齒（齒舌）。另外，曾在牠的殼中發現有甲殼類與雙殼綱的化石，因此推測牠為肉食性。

我抓到了！

好棒喔！這可是活生生的菊石耶。

咚!!

嘎喀

沉下去了~

浮起來了~

為什麼菊石可以這樣沉下去又浮上來呢？

因為牠的殼裡有隔間，形成充滿空氣的洞，一下裝滿水，一下裝空氣，所以可以浮浮沉沉。

【菊石類】

大小從10公分到2公尺等有各種不同的尺寸。與章魚、烏賊一樣為頭足類。依據被發現的時代，其殼的形狀與種類也有所不同，因此成為判定地層年代的特定指標。

菊…菊…菊石被吃掉了！！

好大的嘴巴！

大家肚子都餓了耶。可羅。

探索筆記 曾發現有滄龍咬痕的菊石化石。

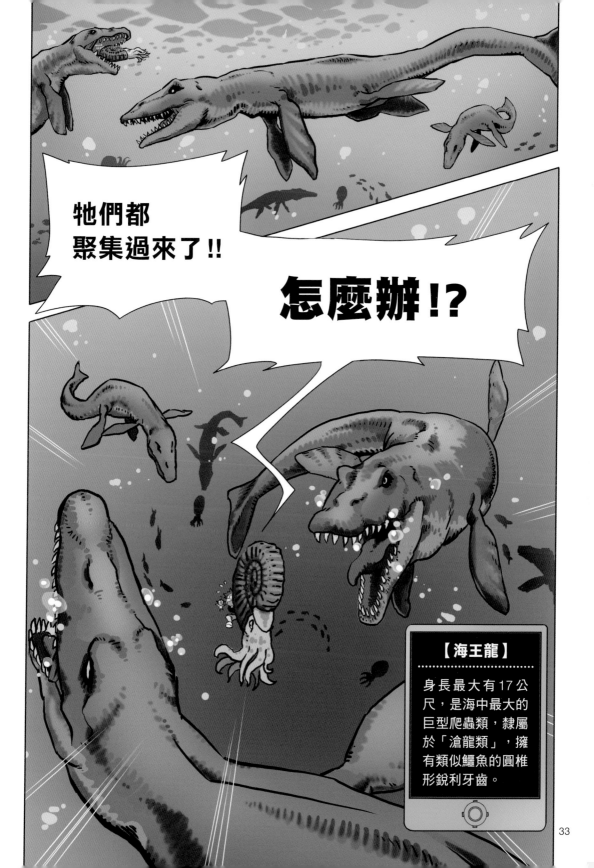

看來菊石是滄龍類最愛吃的食物。

嘿

也就是說在這裡的我們⋯⋯

～會被吃掉!?

我們一點都不好吃啦～

滄龍是白堊紀海中最凶猛的動物，很多滄龍化石上面都傷痕纍纍。

現在說這些都沒有用啦！

最重要的是有沒有逃走的方法啦!?

嗯～……

有了！拿出包包裡的鞋子。可羅！

這雙嗎？

快點穿上！可羅！

我知道啦！

吼～吼～

慌慌張張

滄龍類和菊石

在白堊紀的海中「最強、最凶猛」的是大型爬蟲類，看起來像是有鰭的蜥蜴的爬蟲類是「滄龍」。

滄龍中有全長超過10公尺的個體。
圖中是全長14公尺的海王龍。

模型照片·和歌山縣立自然博物館

根據最近的研究得知滄龍的尾巴有尾鰭。

白堊紀的海中世界

白堊紀的海中有現在已經看不到的大型爬蟲類，有看起來像海豚的「魚龍」與以鈴木雙葉龍等為代表的「蛇頸龍」，然後還有「滄龍」。這三類被稱為「中生代的三大海生爬蟲類」。

滄龍是三大海生爬蟲類裡最晚出現的，牠的身形很龐大，擁有堅固的牙齒，滄龍出現後馬上成為海洋生態系中食物鏈最頂端的支配者。此後，直到除了鳥類之外，恐龍全部滅絕的6千6百萬年前，滄龍一直是海中的王者。

滄龍有許多種類，不同種類的下巴大小、牙齒形狀、身形大小都各有不同。

菊石是滄龍的食物之一，是和現在的章魚、烏賊同一類的「頭足類」動物，在當時的海中非常活躍。菊石雖然有殼，但牠的殼裡有空洞並有隔間，可以調節空洞裡的液體量，藉以調整浮力，如此一來，便能夠在海裡悠游自如。

菊石與烏賊、章魚是同類

菊石類是早在中生代前的古生代就存在的。因為擁有殼，所以和現在的烏賊、章魚歸為一類。

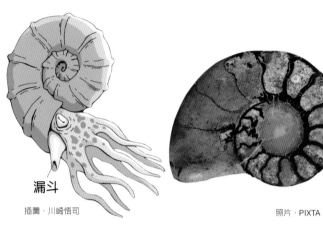

漏斗

插圖・川崎悟司

照片・PIXTA

或許與現在的章魚和烏賊一樣，菊石應該擁有許多的爪和一個「漏斗」。

黑色的「隔間」之間（咖啡色的部分）塞滿砂石。牠活著的時候，這些地方都是空的。

北海道是世界有名的菊石化石產地

日本北海道有白堊紀的海所形成的地層「蝦夷層群」。蝦夷層群裡挖出許多種類的菊石化石，因而成名。

北海道的三笠市立博物館以「菊石博物館」而著名。

照片・北海道三笠市立博物館

現在的陸地

白堊紀時期地球的模樣。因為海平面較高，所以許多陸地都沉入水裡。

白堊紀的陸地

陸地的分布與現在不同

陸地一直在緩慢移動，約2億年前所有陸地都集中在一個地方，構成「盤古大陸」。之後大陸不斷分裂，到了白堊紀時，大西洋範圍變得更大，各大陸的位置跟現在的分布很類似，但印度當時還是個獨立的大陸。

常 規

陸地會移動。

第 3 章

巨大的草食恐龍

小陸是跑去哪裡了？

小陸的房間

請不要在意。

點心先放著就好了。

不好意思呢！你們都特地跑來了。

太好了，贏了贏了！

叩

玩這個遊戲時，如果對手是鳥臀目的恐龍，

用晰臀目的恐龍來對戰就會贏！

WINNER

SCORE RANK 5094

正因為我是恐龍博士，所以才會贏。

嘿嘿！

嗯……

好痛！

探索筆記

「鳥臀目」、「晰臀目」是以下半身的骨頭形狀來分類恐龍。

 恐龍的研究者要住在帳篷裡好幾個月,來做挖掘工作。

是喔～
恐龍的世界啊～

等一下！
真的嗎!?

嚇一跳

轉身

小陸，
真的嗎？

好棒喔!!!

你們來得
正好！

你們也一起幫
我做作業吧！
可羅。

作業？

是……
是真的。

我跟可羅納在
調查這顆石頭
到底是什麼！

這個世界肯定
可以找出這顆
石頭的祕密。
可羅！

太好了，
我要去看
恐龍——!!

我的話還
沒說完！
可羅！

在白堊紀出現的被子植物已經會開花結果。果實對鳥類和哺乳類來說，是很重要的糧食。

不用管什麼作業，開始探險吧——！！

人類小孩還真是精力充沛。可羅……。

因為銀河是恐龍迷……。

小陸，你為什麼知道這個世界藏有那顆石頭的祕密？

因為是這顆石頭自己開始動，然後帶我們到這個世界來的。

……奇怪？

像那樣嗎？

滾滾滾

啊～～！！！

等一下～！！！

滾滾滾

轟隆......

恐龍在哪裡～？
這裡嗎!?

還是那裡!?

剛剛那個聲音該不會是恐龍的腳步聲吧!?

還是說在這裡嗎!!
哈哈哈哈。

抓住 抓緊

搖晃

奇怪......
好奇怪？

這個是叫阿拉摩龍的恐龍。可羅！

救……救救我～!!

哇啊啊～～。

我快掉下去了～～你不要一直用來用去啦～～。

好厲害喔!!牠的身體都不用動，只要移動長長的脖子就能吃到樹上的葉子了。可羅！

因為這個時代的植物營養很少，為了支撐這麼大身體的營養，牠們得整天一直吃東西才行。

原來如此～

探索筆記

不只是恐龍，所有生物的學名都是用拉丁文命名的。所以如果會拉丁文的話，就能知道很多名字的意思。

牠真的好大隻喔，如果可以坐在牠的背上一定很棒。

哇，那樣真的很不錯！

牠是很溫順的恐龍，一定沒問題的！我們爬上去看看吧！

拍

拍

轟隆

哇～

哇

哇～！！真的坐上來了耶！

跟掛在牠脖子上比起來，這樣舒服多了！

轟隆隆

轟隆隆

慈母龍是鴨嘴龍的同類，牠擁有類似鴨子的嘴，一般認為牠們在像火山口的巢中養育小恐龍，體長約9公尺，草食性。

請問
那是什麼？

那是慈母龍
的巢!!

牠們是群居養育
小孩的恐龍!!

啪
啪

你看你看！
媽媽在餵
小孩。

即使小恐龍長
很大了，媽媽
還是會繼續照
顧牠們呢。

54

「慈母龍」這個名字就是「好媽媽恐龍」的意思。可羅！

啊，我也希望得到溫柔的照顧。可羅♪。

熱呼呼

咦？

巢裡面有什麼東西熱熱的。可羅。

應該是因爲鋪了很多樹葉吧？然後樹葉發酵，所以才變得熱熱的。

熱呼呼

原來如此，所以就可以孵蛋了。

嘎——！！
嘎——！！

那……那是什麼聲音!?

哇啊啊啊啊啊!!
那是什麼?

嘎啊～～

那是馳龍!
雖然體型小,
卻是兇猛的肉
食性恐龍!!

一隻接著一隻來
了,牠們用腳的
鉤爪來攻擊。

慈母龍為什麼
不逃走呢?

你們看!!

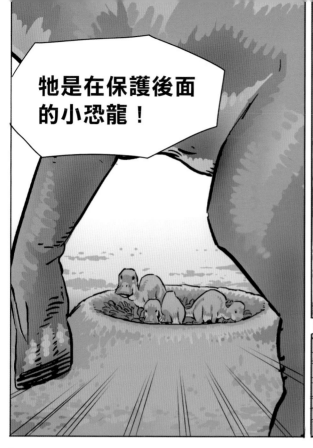

牠是在保護後面的小恐龍！

我們得要做點什麼才行！這樣下去連小恐龍都會被攻擊！！

嘖 嘖 嘖

可是到底該怎麼辦呢……？

陷入

嘎喔喔！！

啊

大家快蹲下。可羅！

唰 唰

探索筆記 在肉食性恐龍的化石中有留下被龍腳類的尾巴攻擊過的傷痕。

巨大的龍腳類恐龍

長脖子與長尾巴、四隻腳像柱子般粗壯的草食性恐龍統稱為「龍腳類」（是蜥腳形類的同類），牠們也是「巨大恐龍」的代表。

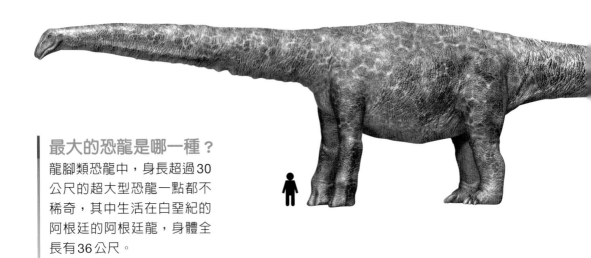

最大的恐龍是哪一種？
龍腳類恐龍中，身長超過30公尺的超大型恐龍一點都不稀奇，其中生活在白堊紀的阿根廷的阿根廷龍，身體全長有36公尺。

恐龍巨大化的演化道路

就目前所知最早出現恐龍的時代約在2億3千萬年前（中生代三疊紀後期），包含被認為是龍腳類祖先的始盜龍（始盜龍嚴格來說是被分類在「蜥腳形類」的大分類中）。

始盜龍與之後的龍腳類相較之下，牠的身形小很多，全長約只有1公尺。牠與肉食性恐龍一樣用雙腳走路，但一部分的牙齒是專門來吃植物的。

最初龍腳類是從小型的種類開始演化，轉眼間就變得巨大了。至少大約在

2億1千萬年前（三疊紀末期），出現了全長近20公尺、長脖子、長尾巴、以四腳行走的龍腳類恐龍。然後到了約1億6千萬年前（侏羅紀後期），出現了全長超過30公尺的巨大種類。

龍腳類演化出像有空洞的骨頭和其他讓體重變輕的身體結構。空洞的部分稱為「氣囊」，能讓空氣進入的囊袋，除了有支稱身體的功能之外，也有助呼吸。在地球長久的歷史中，沒有其他像龍腳類這種身形如此龐大的陸上動物。

為什麼身體會變大呢？

一般推測的原因是肉食性恐龍變巨大了，而為了使大型肉食性恐龍難以攻擊的方法就是身形要比肉食性恐龍更大。

阿根廷龍

阿根廷龍是目前白堊紀中期挖掘出來的化石中，最大的龍腳類恐龍。

插圖·服部雅人

©David Herraez / Dreamstime.com

這是侏羅紀的龍腳類，梁龍的頭骨，由此得知牠有許多細小的牙齒。

從幼年時期身體就很大嗎？

巨大的龍腳類恐龍在幼年時期是很小的，舉例來說，有發現能成長至15公尺的龍腳類卵化石，那個卵的直徑只有15公分而已。

插圖·川崎悟司

或許是因為幼年時期的恐龍需要父母的照顧。

小頭與細牙

雖然是巨大的龍腳類，但牠們的頭卻很小，而且長有小得像鉛筆或吸管的細小牙齒。龍腳類擁有如此細小的牙齒是為了吃植物，牠可以不用咀嚼，直接吞進肚子裡。

常規

身形長得龐大是為了自保。

第4章
形成化石的過程？

哇啊～

發生什麼事了!?
為什麼潑我們水？

不……
不好了
可羅！

阿拉摩龍為了讓身體體溫降低，開始在淋浴了。可羅！

嘩啦 嘩啦

啪沙

啊～

我不想要再被水淋濕了啦～

趁離淺灘還不遠！我們過去那邊～。

嘩啦 嗒 嗒 嗒 嘩啦

用跑的———。

小陸！
快一點！！

對不起，這顆
石頭很重……。

笨蛋！現在不是說
那種話的時候！！

牠從後面
追來了！！

你們看～那邊!!

哇哇哇

牠是剛才的那隻慈母龍……

死掉了……。

已經沒救了……好可憐……。

嘩啦

哇啊～～啊!

琪拉拉，
不要哭啦！

死掉的恐龍搞不好
會變成化石喔!?

對啊！
對啊！

這隻慈母龍的骨頭
一定可以留到我們
那個時代啦！

真的嗎？

對了!! 你們想不想
實際看看化石形成
的過程。可羅？

呵呵呵……

讓我找一
下喔。

翻
翻

什麼～？
可以看到嗎～!?

鏘鏘

沙漏眼鏡！！

用這副眼鏡能看某個物品的過去與未來的樣子喔。可羅！

來吧，

大家戴上眼鏡，來看看這隻慈母龍。可羅！

叩登

戴上

沙沙沙沙沙沙

哇！好厲害！好像影片快轉喔！！

探索筆記

腳印化石與骨頭化石成形的方式不同，恐龍在地面上留下足跡，地層上覆蓋了砂石與泥土，凝固後變成石地層。而這個石地層能整個取出來。

首先

恐龍會沉進水裡，被泥沙掩蓋。可羅。

雖然肉腐爛了，但骨頭與牙齒會留下來，

周圍堆積的礦物會滲入骨頭裡。

然後地面隆起，

藏有化石的地層露出地表便完成了。可羅！

哇啊，
顏色變好多喔。

礦物的顏色與成分
滲進骨頭裡變成石
頭了。可羅。

你們挖看看！

除此之外還
有火山噴發

以及土石流的
掩埋讓它變成
化石……。

轟隆隆隆

喀隆喀隆

也就是說

地層沉積是很
重要的。可羅！

原來如此～

所以只是死亡的話，也不會成為化石囉。

所以
你知道嗎!?

腳印也可以變成化石喔！

阿阿阿♪

真的耶！

有留下阿拉摩龍的腳印耶。

我就說啊!?

你們看！
這邊也有!!

那邊也有!!

翻轉

想要將時間倒回去，
只要將眼鏡倒過來戴
就好了！

咕嚕

咕嚕

哇啊～
轉眼間回到過去。

唰 唰 唰 唰……

化石是如何形成的？

恐龍化石是如何形成的呢？從活生生的動物演變成化石需要好幾個必然的階段。

化石是如何形成的？

生物死亡後，會先被砂土掩埋，長時間在地層中，生物成分被周遭的礦物取代。如此一來就演變成化石了。

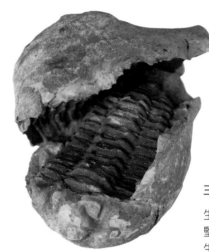

三葉蟲化石

生物變成化石時，有如堅硬的「石塊」包覆著生物的屍骸。

要有好幾個必然的階段才能變成化石

生物變成化石留存下來的機率不高，甚至多半不會變成化石留下來。

以恐龍的情況來說，死後屍體必須不被其他動物破壞。其他動物可能會將骨頭搬走、埋起來，或是吃掉，這樣的話，在開始變成化石前骨頭就不見了。其次，還需要有砂子、泥土與火山灰等的掩埋。

再經過漫長時間，地層中的礦物取代骨頭中的成分。

就算骨頭已經在地層裡，也不能就此安心，也有可能因為地殼變動，造成地層扭曲、產生斷層。這種情況的話，會破壞地層中的化石。

即使運氣好而留存到現在，也不一定能被人類發現、讓大家看到。因為風雨侵蝕了地層表面，無意中將部分的化石裸露出來，人們才有機會發現化石。如果這時的化石沒被人類發現，之後的風雨便會破壞化石。大家在博物館裡看到的化石，是歷經長久的時間與多個幸運的偶然，最後才能在大眾面前展示。

骨頭容易變成化石？

一般相信越是堅硬的東西越容易變成化石。
骨頭比皮膚、內臟、肌肉來得堅硬，因此脊
椎動物的骨頭比較容易變成化石留下來。

插圖：川崎悟司

以大型脊椎動物來說，幾乎不曾發現
過全身的化石，於是參考其他動物來
做復原。

腳印化石

會變成化石留下來的，不只
是動物的骨頭，巢穴與腳印
等也能留在地層裡保留下
來。這樣的化石被稱為「痕
跡化石」。

照片・PIXTA

如何從化石復原成恐龍？

脊椎動物的話是參考現在的
動物，不足夠的部分就參考
已發現的接近種類來做復
原，將骨頭組合起來，再加
上肌肉等。

化石的成形需要「運氣」。

好了！

這樣就全部恢復原狀了！

對了，小陸，那顆石頭在哪裡……？

啊，在戴上眼鏡之前，我把它放在那邊……

喀隆

第 **5** 章

蛋裡面有什麼？

最好～是……

只要好好教育牠就好了!!

啊～夢越來越美了～♡

你會被暴龍吃掉喔。

叩叩

你們看!從蛋裡傳出了聲音!

咦!?

什麼!?

  蛋殼上有許多細小、肉眼看不見的小孔，這些小孔叫做「氣孔」，是為了讓空氣能進入蛋殼裡，使裡頭的小寶寶能夠呼吸。

牠有毛？
看起來好像鳥喔!!

恐龍呢？
我的暴龍呢？

可是說是鳥的
話，牠也沒有
翅膀啊⋯⋯。

牠到底是什
麼動物的寶
寶呢？

不管是什麼
動物都好，

因為牠好～
可愛喔。♡

嘎!!

好～可～愛～。
決定了！就叫牠
「小嘎」！

琪拉拉
真的只看得到
可愛而已。

嘠─嘠─

噠噠

噠噠

哇哈哈哈！

不過牠好厲害，才剛出生沒多久，就可以跑跑跳跳了呢！

哈哈哈，跟我來～。♡

這就跟鳥的銘印是一樣的。可羅。

剛出生時第一個看到的生物就會當作是媽媽，然後跟著到處走。可羅。

所以我是媽媽囉!?

嘠

你真正的媽媽在哪裡呢？

我們來幫牠找媽媽吧！

贊成～。

但是話說回來，小嘎是吃什麼的呢？

這個～嗎……

嘰？

植物嗎？

土！

應該不可能吧。

我有帶糖果！

如果是蟲的話，這邊倒是很多啦。

嗡—嗡

嗡—嗡

眼睛發亮

恐龍的蛋與生態

恐龍中也有與現在鳥類一樣會孵蛋、餵食物給剛出生的小恐龍的種類。

恐龍的蛋是哪一種蛋？

恐龍的蛋形會因不同種類而各異，有圓形和橢圓形等各種各樣的。與鳥類相近的種類，也會像現在鳥類的蛋一樣，一邊圓形，另一邊呈現細長形。

©Jaroslav Moravcik / Dreamstime.com

恐龍的養育

脊椎動物生產孩子的方式有兩大類。一種是像我們哺乳類一樣直接產下孩子的「胎生」，另一種是產卵生出小孩的「卵生」。恐龍的話，發現了很多卵的化石，所以可以確定恐龍是卵生。

目前可知至少有一部分恐龍與現在的鳥類一樣，會覆蓋在蛋上孵蛋，而這些多半是身長數公尺的小型恐龍。推測擁有長脖子與長尾巴、超過20公尺的草食性恐龍沒有孵蛋，因為體型太大了，牠的重量可能會將蛋壓破吧。

有好幾種恐龍剛出生時無法走得太遠，這種恐龍寶寶要在嚴峻的自然界生存，父母親的存在就很重要。

至於暴龍是如何養育小孩的，目前我們仍一無所知。今後如果發現暴龍寶寶的化石或卵的化石，或許就能更清楚暴龍養育小孩的相關資訊。

恐龍會養育小孩嗎？

目前得知一部分的恐龍會跟鳥類一樣，坐在蛋上孵蛋，此外，從發現的恐龍化石推斷，在小恐龍會行走之前，牠們還會照顧小恐龍。

插圖‧川崎悟司

據信白堊紀的草食性恐龍慈母龍會送食物給小恐龍吃。

恐龍是如何睡覺的？

有發現正在睡眠中的恐龍化石。牠彎曲四隻，尾巴與頭部也捲縮緊貼身體，與現在鳥類的睡覺姿勢很類似。

插圖‧川崎悟司

在中國發現的寐龍化石是保持睡眠的姿勢。

插圖‧川崎悟司

如果在糞便中有發現種子等，就能知道留下這個糞便的是草食性動物。如果在糞便中發現骨頭碎片等，就知道是肉食性動物的糞便。

從骨頭以外的化石中得知生態

糞便也會變成化石留下來。糞便化石稱為「糞化石」，是很重要的研究材料。仔細分析糞化石，就能知道到底是什麼動物留下的。

常 規

如果有化石，就能知道當時的生活情況

好……

雖然已經知道牠吃什麼了，

但不知道牠是什麼恐龍的話，就無法找到牠的父母。

所以牠是鳥啦。ㄋㄧㄠˇ～！

可是仔細看，那個不是鳥嘴，而且也有牙齒。

嘎——

我也覺得牠不是鳥。

第 **6** 章

尋找媽媽

那這個茂密的羽毛是什麼？

牠一定是鳥的祖先始祖鳥啦！

啊～好痛，不要啄我啦，笨蛋！！

……到底誰才是笨蛋啊……。

哇啊啊啊啊啊～～

呼呼呼呼呼呼呼～～‼

沒……沒辦法啦‼‼

嗯……

呼……

嗯……

速度太快了啦……。

噠噠噠　噠噠

探索筆記

似鳥龍的同類（似鳥龍類）又被稱為「駝鳥恐龍」，是恐龍中跑最快的。

這種時候有什麼派得上用場的東西嗎……⁉

翻翻找找

繩子和木板‼

將———將

93

可羅納!!
你幹嘛放這種東西進去啊!!

根本是沒用的東西!!

嘿嘿嘿……
因爲它什麼都放得進去,所以一不小心我就把它當成倉庫了,抱歉啦!可羅。

你們看,那個是什麼!?

慢吞吞
慢吞吞……

在做什麼……

四肢著地,然後慢吞吞地……。

哇～好快好快！！
這樣一來或許追得上喔！！

如我預期，繩子和木板派上用場了，他們不是沒用的東西。可羅！

嘿嘿！

那件事就不要再說了啦！呵呵呵呵。

你們看！
是剛剛那一隻耶！
牠正跑下懸崖！

好，
我們也過去吧～！

咻
咻

噠噠噠

在那裡！

我們在這邊下來吧！

落地

沙沙

那個是似鳥龍！

也有小恐龍耶！

快來跟小嘎比對看看！

一點都不像。

應該不是同一種啦，
似鳥龍是草食性恐龍，
而小嘎是肉食性的吧？

怎麼會這樣～…

雖然說是草食性的，
但牠也吃石頭!!

吃那個
沒問題嗎!?

牠為什麼要
吃石頭!?

那個叫
做胃石。

是這樣的，恐龍將石頭吃進胃裡，可以將植物磨碎，能幫助消化。（驕傲貌）

咯吱

咯吱

不愧是**恐龍搏士**。

結果還是沒找到小嘎的媽媽。

嘎－

我們就耐心地找吧。

……。

啊～啊，什麼時候才能遇到又強又帥的恐龍啊……。

翼龍

「翼龍」是生物演化史中第一個能在天空自由遨遊的脊椎動物，我們來仔細看看牠的身體結構和姿勢吧。

用手臂與一根指頭支撐翅膀

翼龍與鳥類、蝙蝠類（哺乳類）一樣是靠自己的翅膀在天空飛翔的脊椎動物，但是翼龍是以長長的無名指支撐翅膀這一點與其他兩類不同。

翼龍類的翅膀是以長長的無名指骨頭來支撐皮膜所構成。

鳥類的翅膀是由粗壯的臂骨與指頭骨頭，以及許多羽毛所構成。

插圖・村上金三郎

支配天空的爬蟲類

　　一般相信翼龍出現的時間與恐龍出現的時間幾乎相同，約在兩億兩千五百萬年前（三疊紀後期）。初期的翼龍張開翅膀時寬幅約有1公尺，「頭小、尾巴長」是其特徵。

　　大約到了侏羅紀，「頭變大、尾巴變短」的種類出現了，到了後來出現更多種類，一直存活到白堊紀結束。

　　翼龍是生物演化史中第一個支配天空的脊椎動物，雖然在翼龍之前也有能在天空飛的動物，但其飛行方法是從高處飛往低處，只是如滑翔翼般「滑行」而已，並不是像翼龍和鳥類一樣，靠自己的翅膀自由地在空中飛翔。其中也有從陸地飛向遙遠的海上的種類。

　　翼龍與鳥類同為在天空上飛的動物，共存了超過數千萬年以上，但在6千6百萬年前出現大量滅絕的情況，翼龍滅絕了，鳥類卻生存下來，至於生存下來的關鍵為何，目前尚未知道。

擁有大雞冠的翼龍

一部分的翼龍擁有各種不同形狀的「雞冠」，其中有像帆船般有層薄膜的雞冠，也有長如棒狀的雞冠。

發現至少有大型翼龍會將翅膀彎曲用四肢走路，牠似乎能以適當的速度行走。

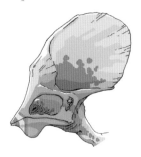

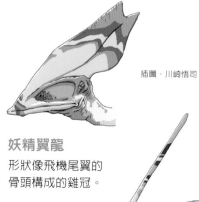

插圖・川崎悟司

雷神翼龍

具有由薄膜形成的大雞冠。

妖精翼龍

形狀像飛機尾翼的骨頭構成的雞冠。

夜翼龍

由骨頭構成「Y」字的雞冠。

插圖・川崎悟司

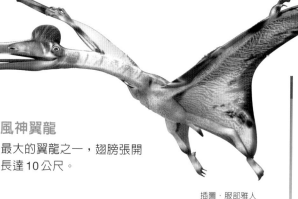

風神翼龍

最大的翼龍之一，翅膀張開長達10公尺。

插圖・服部雅人

翼龍的巨大化

在接近白堊紀快結束時，翼龍中出現巨大化的種類，其中有翅膀長達10公尺的種類，大小與現在的小型飛機差不多。

常 規

鳥與蟲以外也有動物能飛。

探索筆記

在美國博物館工作的化石獵人巴納姆·布朗於西元1900年發現第一個暴龍化石。

什麼叫做像鳥的傢伙!?

對你來說，只要又大又強，就什麼都可以！

幼稚鬼！

妳說什麼!?

啪一噠
啪一噠

等一下！你們兩個安靜一點～～。

啪一噠　啪一噠　啪一噠

那……那是什麼聲音？

聲音好像從這裡來的！我們去看看！

喀沙　喀沙

厚……嗯，什麼!?

是厚頭龍啦！

牠們像這樣角力，看誰比較強！

啊！

有一隻逃走了！

勝負已定了。

太震撼了～。
直接對決比力氣!!

我要看的就
是這種啦!!

看我的!!

好痛。

銀河,
你幹嘛突然
打人啊!!

嘿嘿嘿......

我是跟厚頭
龍學的啊!

強的人才會贏!
贏的人才了不起!!

這就是大自然
的法則!!

呀 呀 呀 呀 呀 呀 呀

我決定了！

不要去找什麼媽媽了！！

我要去找最強的恐龍！！

銀河，一個人很危險。可羅！！

探索筆記

三角龍類、厚頭龍類同屬「頭飾龍類」。像戴有頭飾而稱之。

嘎……

嘎～！！

幹什麼？你這個很弱的傢伙不要跟來！走開走開。

小陸，怎麼辦？小嘎也走進叢林裡了。

我們要去把牠帶回來。

——真是的，

你要跟到
什麼時候啦！！

接下來的地方不
是軟弱傢伙可以
去的地方啦！？

咦？

軟軟的

躲到石頭
後面吧!!

唰

嚕嚕嚕

咕嚕嚕嚕嚕

喘……

喘……

喘……

喘……

緩

緩

緩緩站起

什麼？

這這這……這個不是石頭。

這不是甲龍嗎!!

吼吼吼吼

【甲龍】

身長約9公尺，尾巴有骨槌，骨槌是骨頭組成的，據信是用來攻擊敵人的武器。

暴龍的牙齒
斷掉了!!

甲龍身上的鎧
甲保護了牠!!

【暴龍】

身長12至13公尺，推測體重是6噸，是最大型的肉食性恐龍。牠頭大大的，有又粗又長的牙齒與堅韌的下顎，用來撕咬獵物。

探索
筆記　甲龍的背上有骨釘保護牠，據信骨釘是用體內的骨頭溶出形成的。

只要有能保護身體的鎧甲和武器，就算是暴龍也會輸!!

這是我從甲龍身上學到的!!

又開始了……。

暴龍的力量

提到「肉食性恐龍」大家第一個想到的就是暴龍！因為其優秀的獵食技術，暴龍和牠的同類被稱為「超級肉食性恐龍」。

強而有力的下顎與牙齒

暴龍的下顎堅實，具有比其他動物絕對性的力量，還有能將那個力量發揮到最大限度的粗壯牙齒，可以將獵物的骨頭咬碎。

粗壯的牙齒與寬廣、堅實的頭骨是暴龍的特點。

照片・川嶋隆義

超級肉食性恐龍

　　暴龍是全長12公尺的巨大肉食性恐龍，這個大小是目前為止發現的肉食性恐龍中最大型的。暴龍是生存在北美大陸西部最大的肉食性恐龍。

　　暴龍的特點是巨大的頭骨，長超過1.5公尺、寬超過60公分、高接近1公尺。然後牠大大的下顎裡有超過25公分長的牙齒排列著。其粗壯的牙齒很堅固，不會輕易斷裂。牙齒的旁邊還有稱為「鋸齒」的鋸齒狀小牙齒，就像牛排刀般鋒利。

　　咬合力估計有3500公斤，約是鱷魚的九倍，相較於其他肉食性恐龍也是壓倒性勝利。強大的下顎裡有粗壯的牙齒，再加上驚人的咬合力，獵物應該連骨頭都會咬碎吧！

　　因為擁有各種不同的性能，因此可以知道暴龍是非常優秀的狩獵者。所以與牠同類的恐龍是「超越肉食性恐龍」的「超級肉食性恐龍」。

優秀的嗅覺

據信暴龍的鼻子非常好，牠藉由嗅覺找出獵物躲藏的位置。

嗅聞味道的部分（嗅球）

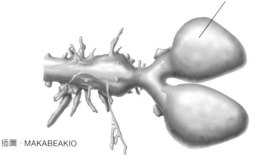

插圖‧MAKABEAKIO

從調查大腦內容物來看，可以知道專管嗅覺的嗅球很大。

能輕易測量獵物距離的眼睛

暴龍的頭很寬大，眼睛朝向正面，如果是哺乳類的話，這一點與人類和貓咪等同類一樣。因為這個特點讓牠能正確測量與獵物之間的距離。

插圖‧川崎悟司

前肢

牠的前肢小小的，只有兩根手指，目前仍不知道前肢與手指到底是做什麼用的。

粗壯的尾巴

尾巴筆直地往後延伸，其功能是維持全身的平衡。

插圖‧服部雅人

 常 規

恐龍之王無論是眼睛、鼻子與牙齒都很厲害。

可羅納！

你不要跟著銀河起舞！如果是兇猛的恐龍該怎麼辦！

嘿嘿嘿

可……可是三角龍是安全的。可羅。

【三角龍】

身長6至9公尺，是角龍類中最大型的恐龍。牠頸部周圍的頸盾又大又發達，眼睛上方有兩根角，鼻子上有一根短的角。

這個角好讚喔！頸盾也很堅硬！

牠看起來很乖，也很可愛！

嘿咻

我也要！

牠的嘴巴看起來
好像鳥嘴……
啊！嘴裡面有好多
尖尖的牙齒喔！

牠有許多牙齒，
如果牙齒磨損或掉了，
就會長出新的牙齒。

探索筆記

草食性恐龍擁有能不斷再生的牙齒構造（備用牙齒），方便吃堅韌的植物。

我要坐
這一隻～。

嘿咻

對了，
為什麼小陸和
可羅納要調查
那顆石頭？

我家有許多我爸爸從過去的地球帶回來的東西，

他叫我偷偷地再把那些東西放回原處。可羅。

而這顆石頭就是裡面東西的其中一個，是嗎？

就是這樣！可羅。

但是一個人去好辛苦，我又剛好肚子餓了，

如果沒有遇到小陸的話，不知道會怎樣啊……。

啊！所以你那時才會吃掉我的甜甜圈!?

誰教你講那種過分的話！

小嘎～
不要咬我！
不要咬我～！！

原本小嘎就還是小寶寶，不是嗎!?如果丟下牠一個人，要是牠被大恐龍吃掉的話，該怎麼辦呢!?

滿身傷

撒嬌

我們一定要幫牠找到媽媽……

一定就在某處的！

小嘎的媽媽～
你在哪裡──！？

碰

碰

咕

……啊？

嚕
嚕
嚕

吼吼吼吼吼

是剛剛
那一隻暴龍。
可羅。

又來了！

我明明是在叫
小嘎的媽媽～～

哇啊啊啊～～啊

太厲害了～!!
堅硬的鎧甲和角就是最好的防護。

可是在這裡只能看到屁股而已。

我們想辦法去外面看，

小陸？

……？

小陸呢？

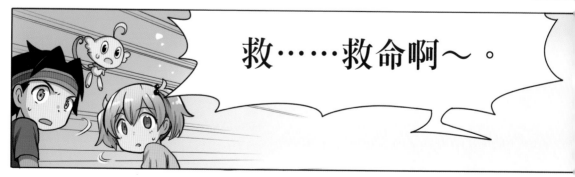

救……救命啊～。

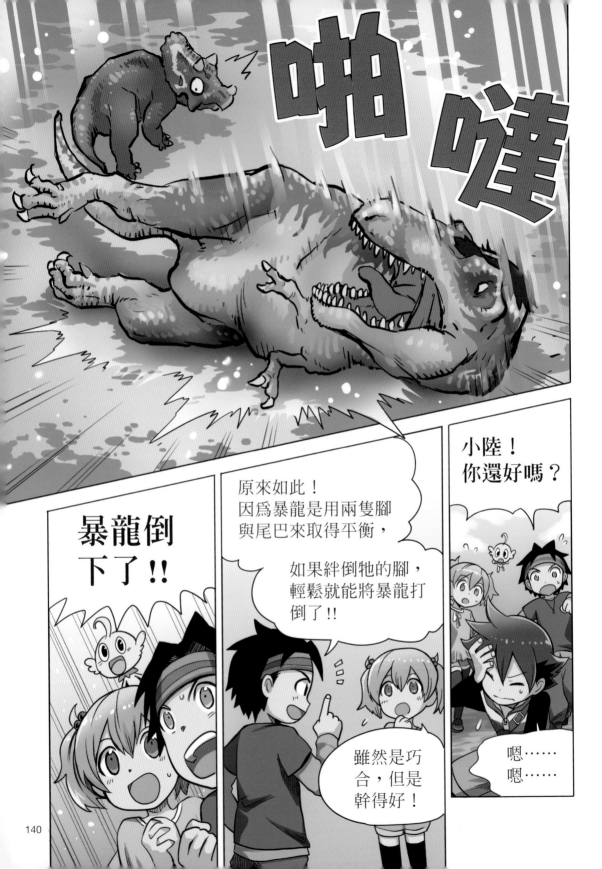

咇噠

暴龍倒下了！！

原來如此！
因為暴龍是用兩隻腳
與尾巴來取得平衡，

如果絆倒牠的腳，
輕鬆就能將暴龍打
倒了！！

雖然是巧
合，但是
幹得好！

小陸！
你還好嗎？

嗯……
嗯……

太好了……

當然囉～可羅！

多虧了我冷靜的處理。可羅！

小陸沒事真是太好了。

你看起來明明很慌張～。

才……才沒有呢！可羅！

啊哈哈哈哈哈

咦？

這個是……

加強防禦的恐龍

在草食性恐龍中有以大尖刺、頸盾、鎧甲等各種各樣的防身方法。

劍龍
背上有板狀物、尾巴的末端有刺，是劍龍類的代表。

攻擊敵人的「尖釘」

劍龍類在侏羅紀時非常活躍，牠們的尾端有四根長長的刺（尖刺），可以攻擊來襲的大型肉食性恐龍，做出反擊。

各種不同的防身法

　　草食性恐龍有各種不同的防身法。

　　劍龍類的特徵是背上有板狀物與尾巴末端有尖刺。牠背上的板狀物並不怎麼堅硬，一般相信沒辦法作為防禦用，但是尖刺非常堅硬，在肉食性恐龍的化石裡有腰部被尖刺刺出洞的情形。角龍類除了有頸盾之外，臉部有長角的也為數不少。這個角在對抗肉食性恐龍時，具有威嚇的功能。

　　裝甲恐龍類中除了背上有鎧甲的類型之外，也有尾巴的末端具有骨槌的。

依據不同的種類，這個骨槌也能發揮擊退肉食性恐龍的功能。

　　其他還有像是厚頭龍類，頭骨厚大，能夠頭槌抵禦肉食性恐龍的攻擊。這項技能也會用在同類間的爭鬥中。

　　草食性恐龍的數量比肉食性恐龍多很多，牠們具有各種不同自保的方法，以便繁衍後代。

保護頸部的大頸盾

對所有的脊椎動物來說頸部是弱點之一。在白堊紀時繁盛的角龍類，在頭部後方有很大的頸盾，具有保護頸部的功能。

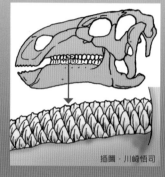

AR
三角龍

三角龍
頭上長有三隻角還有頸盾，是角龍類的代表。

備用牙齒

一部分的草食性恐龍擁有許多的「備用牙齒」。一個牙齒磨損掉了，就會有新的牙齒長出來。

插圖・川崎悟司

甲龍
牠背上有許多骨頭排列，是裝甲恐龍的代表種類。

保護背部的「鎧甲」

裝甲恐龍是在白堊紀時活躍的恐龍之一，在背上有骨板，還有像鎧甲般的構造。這個「鎧甲」就如同現在的防彈背心般又輕又堅固。

插圖・服部雅人

常 規

自我保護的方法不是只有一種。

你們看這個！

暴龍也有長毛耶！！

啊

這個跟小嘎的毛色一模一樣耶!?

第 9 章

有羽毛的恐龍

真的耶！！

那隻暴龍該不會是小嘎的媽媽吧!?

嘎——嘎

很好，既然這樣我們就去追剛剛那隻暴龍吧!!

牠應該是往這個方向跑走的……

慢吞吞⋯⋯

慢吞吞⋯⋯

找到了。

可能變虛弱了吧⋯⋯。

慢吞吞⋯⋯

慢吞吞⋯⋯

牠確實被甲龍和三角龍打得很慘呢——。

牠的腳或許暫時沒辦法狩獵了。

如果真的是這樣，就有點可憐了。可羅……。

有一個說法是暴龍會尋找死掉的恐龍，牠用嗅覺靈敏的鼻子、大大的嘴巴和牙齒來尋找獵物。

原來如此，

超強的恐龍也是得拚命求生存啊！

點頭點頭

所以你不能再說那種「我想跟暴龍學習」自以為是的話了吧……？

妳說什麼～！

怎麼樣～！

嘘！

你們兩個那麼大聲的話……

咕嚕

咕嚕

咚咚

咚咚

濕淋淋

奇……奇怪了？

牠走掉了……

對了，
是味道！！

暴龍的鼻子
很好，

幸好我們跳進
河裡。

因為在水裡，
所以我們的味
道消失了！

既然知道了，
我們快點追過
去吧！可羅！

好！

沙

沙沙沙

嘎～！

小嘎果然是暴龍的小孩！

我們終於找到牠的媽媽了。

可是那個媽媽會接受小嘎嗎？

一定沒問題的，你們看！

就算是讓人害怕的暴龍

在孩子的面前也是溫柔的媽媽喔！！

有羽毛恐龍

具有羽毛的恐龍被稱為「有羽毛恐龍」。根據最新的研究，大多數的恐龍都具有羽毛。

插圖・服部雅人

羽毛是做什麼用的？

一般相信有羽毛恐龍的羽毛具有保暖的功能，因為有羽毛的包覆，體溫就不容易散發，具有防寒的功用。

似鳥龍

牠是恐龍中速度最快的恐龍，據信翅膀是為了求偶存在的。

姿態像鳥的恐龍

在做恐龍復原圖時，1990 年代後期才開始畫上羽毛，主要是因為在中國東北部的地層開始，相繼發現具有羽毛的恐龍化石。目前為止發現的有羽毛恐龍化石的數量，只占很少數。但可以知道有羽毛恐龍分別屬於各種不同的恐龍種類。因為羽毛很難留存下來變成化石，所以即使是沒有發現羽毛的恐龍，若是牠與有羽毛的恐龍是同一類的話，就能推測或許牠是具有羽毛的恐龍。

尤其是小型恐龍，擁有羽毛的可能性相當高。因為身體小的動物，體溫很容易散發掉，因此具有羽毛的話，就能保持自己身上的體溫。

至於暴龍，在幼龍時期或許具有羽毛。只不過不知道長大之後的暴龍是否仍具有羽毛，又是有多少羽毛包覆身體則完全不得而知。漫畫中是單就想像繪製牠的毛髮生長方式。

真正發現羽毛的
恐龍化石只是少數

與骨頭相較之下，羽毛很難成為化石留存下來。
據推測許多恐龍擁有羽毛，但實際上只有中國與
德國等一些地方發現有羽毛恐龍的化石。

中華龍鳥
牠是最早被發現的小
型有羽毛的恐龍，於
1996 年發表。

照片‧神流町恐龍中心

恐龍的顏色之謎

在近年的研究中，有羽毛恐
龍的羽毛上發現了「造色器
官」，將之與現在的生物比
較，逐漸了解牠的羽毛顏
色。

插圖‧服部雅人

似鳥龍是目前全身毛色推測
最完整的恐龍之一。

羽暴龍。是比暴龍出現的時期還早的
恐龍，牠與暴龍是同類。生存在較寒
冷的地區，因此全身都有羽毛。

插圖‧服部雅人

暴龍有羽毛嗎？

沒有發現過具有羽毛的暴龍
化石，但曾發現牠的祖先同
類有擁有羽毛的種類，所以
或許暴龍也具有羽毛。

 常 規

新發現會改變原本的常識。

怎麼覺得有點冷……

吸鼻

妳這麼一說，好像真的有一點……

第10章

滅絕之日

你們看，

那個是什麼!?

轟 轟 轟 轟 轟 轟 轟 轟 轟

那個是會撞擊地球的小天體，

它快要撞上5百公尺外的墨西哥、猶加敦半島了。

非常大的隕石。可羅。

糟了～～!!
如果繼續待在這裡的話，我們都會死掉的!!

就是因為隕石的衝擊，恐龍才全部滅絕的!!!

什麼～～!?

那我們應該做點什麼!!

用道具來逃出去。可羅！

翻找

你說得簡單，你不要什麼東西都往裡面放啦……。

翻找

�？

這個是……扭蛋的外殼嗎……？

哇！

變大了!!

這個是小型的宇宙船！可羅。大家坐進去吧！

來吧！
小嘎也——

……

快點快點！

小嘎，
等一下!!

你在做什麼!?

你如果留在這裡的話，會死的!?跟我們一起回去！我會好好照顧你的!!

喂，琪拉拉！

就算我們把牠帶回現代，牠也沒有同伴。

如果被其他人發現，牠或許會變成觀賞物。

小嘎留在這裡是幸福的。可羅。

吸鼻

咻咻咻咻咻咻

小嘎，你不要輸給隕石，一定要好好活下去!!

嘎——

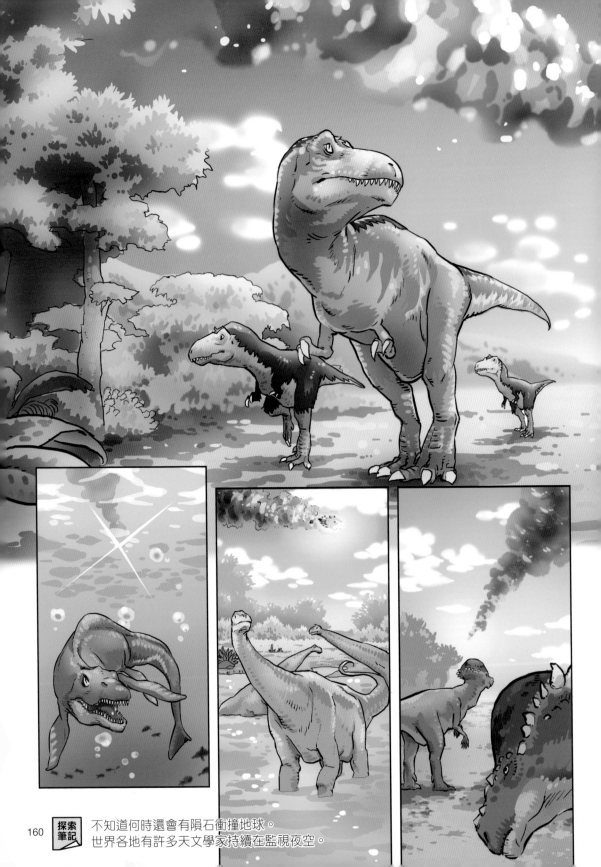

探索
筆記
不知道何時還會有隕石衝撞地球。
世界各地有許多天文學家持續在監視夜空。

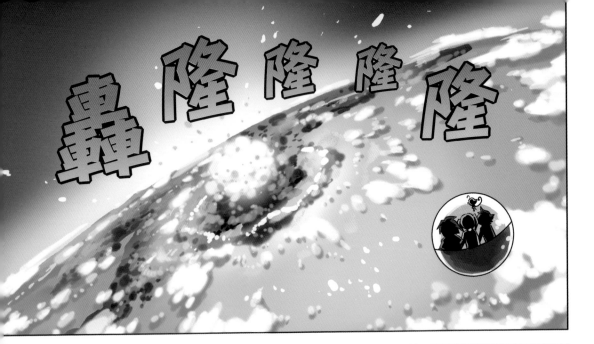

轟隆隆隆隆

相撞了！
……地球會發生
什麼事呢？

用沙漏眼鏡來
看看吧！可羅。

因為隕石的衝撞造成
衝擊波和熱浪，衝擊
了地面與大海。

灰濛濛的什麼都看不見了。

飛揚的灰塵和塵土蓋住了天空，因為遮住了光，所以植物都枯死了。

你們看！

三角龍死了。

厚頭龍也死了……。

因為植物枯死了，草食性恐龍也只有死路一條了。

然後

吃草食性恐龍的
肉食性恐龍也死了。

你們看，

那不是
暴龍媽媽嗎!?

死掉了！

所以暴龍小孩因
為肚子餓到受不
了而開始吵架!!

啊啊！

突然

吱 吱

那不是老鼠嗎!?

沒看到小嘎！

牠該不會已經死掉了……!?

琪拉拉！不能這樣斷定啦……。

鳥類、哺乳類等體積小、動作敏捷的生物需要的食物比較少，所以才得以存活下來。

妳看！也不是所有生物都會死掉啊！

……嗯。

啊！

是小嘎!!
牠還活著!!

話說回來那個隕石的影響很大。可羅……。

在白堊紀末滅亡的有

翼龍　蛇頸龍　菊石 等

推測地球上70%的生物都消失了。

  有一種說法是因為隕石的撞擊，揚起的塵土混入雨中，於是下起酸性雨，使得海水變酸性，浮游生物和以浮游生物為食物的海中生物因而大量滅亡。

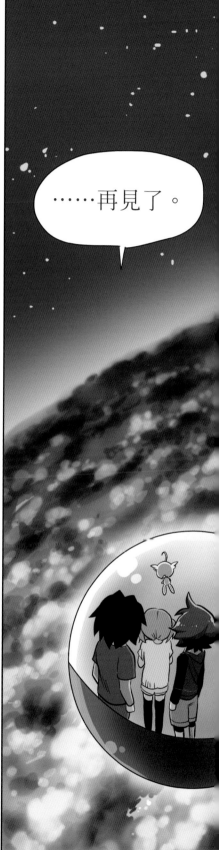

只是這樣就造成環境的改變，

或許也無可奈何……。

……再見了。

我們也不能一直待在這裡。可羅……，

回原本的時代去吧！可羅。

是啊。

雖然覺得很難過……。

恐龍的滅絕

據今約6千6百萬年前,恐龍突然完全滅亡,據信原因是巨大的隕石所造成的。

造成恐龍滅絕的隕石大小

在6千6百萬年前掉落在地球上的隕石直徑約有10公里。其大小約有3個富士山疊起來的高度。

隕石的撞擊一般相信超過11級的震度,其釋放能量是2011年日本東北地方太平洋近海地震的1千倍以上,如此大的能量會引發約3百公尺高的海嘯。

插圖・川崎悟司

改變地球的大事件

6千6百萬年掉落的巨大隕石,在掉落的地點造成180公里的巨大撞擊坑。地球表層的岩石變成粉末四散,細小的顆粒飄浮在大氣之中,持續很長一段時間。結果造成陽光被遮蔽,地球變得很寒冷。此時氣溫下降到10度左右,最後飛散在空氣中的塵埃,變成酸雨落下。

在這樣的環境中,首當其衝的是植物無法生長,然後以植物為食物的草食性動物也多數滅絕,緊接著以草食性動物為食物的肉食性動物也開始大量死亡。此時滅絕的動物除了恐龍類之外,還有翼龍類、蛇頸龍類、滄龍類、菊石類等。

6千6百萬年前已經有鳥類與哺乳類了,鳥類與哺乳類也因此數量大減,但是好不容易才逃過滅絕,還得度過因衝撞引起的寒冬。滅絕的陸上動物多為身形龐大的動物(需要大量的食物),雖說如此,但實際狀況究竟為何則不得而知了。

隕石掉落的地點不好？

巨大隕石掉落在墨西哥的猶加敦半島，這個地方有會形成酸雨的岩石，所以一般相信隕石掉落造成全地球降下酸雨。

巨大隕石是在南南東方角約三十度的角度掉落。

插圖·川崎悟司

留在地層裡的隕石痕跡

衝撞地球的隕石散落在各地，成為「銥」這個化學元素。此化學元素在地球表層幾乎沒有，但在6千6百萬年前的地層（K／Pg界線）裡含量高。

中國有恐龍滅絕前後的地層。因為介於白堊紀（K）與新生代古第三紀（Pg）的交界，因此被稱為K／Pg界線。

照片·PIXTA

恐龍沒有完全滅絕

現在地球上仍能看到的鳥類，是恐龍類留存下來的。因為鳥類也屬於恐龍的一種，所以恐龍沒有滅絕，牠們仍生存到現在。

常規

滅亡是突然降臨的。

尾聲

老師，我跟妳說喔，那時暴龍攻擊時，我保護了大家喔！

這……這樣啊……。

應該是作夢時夢到吧……。

啊啊——
恐龍的滅絕也是無可奈何的事～。

我好想小嘎喔……。

那麼大顆的隕石，會滅亡也沒辦法啊。

你說的是掉在希克蘇魯伯隕石坑的小天體吧。

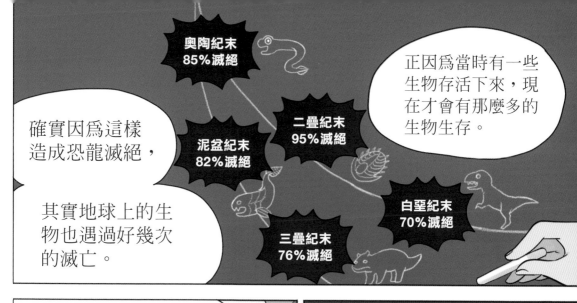

奧陶紀末
85％滅絕

二疊紀末
95％滅絕

泥盆紀末
82％滅絕

白堊紀末
70％滅絕

三疊紀末
76％滅絕

確實因爲這樣造成恐龍滅絕，

其實地球上的生物也遇過好幾次的滅亡。

正因爲當時有一些生物存活下來，現在才會有那麼多的生物生存。

一般推測人類原本是像老鼠般的原始哺乳類進化而來的。

如果肉食性恐龍留存下來的話，人類很容易就會被吃掉，

或許就滅絕了。

我們或許就不存在了。

……？

而且也有一種說法說恐龍沒有滅絕喔。

沒有滅絕……。

是什麼意思？

呼～！

裡面好擠喔。

沒辦法啦，如果老師看到可羅納的話會嚇到吧……。

老師走掉了嗎可羅？

  探索筆記　就目前所知地球經歷了5次的大量滅絕。
5次中的最後一次是6千6百萬年前的白堊紀大滅絕。

哇啊～～!!
好痛!好痛好痛好痛!
住手～～!!

嘎嘎嘎～～

啄 啄
啄

總覺得這一幕很眼熟……
哈哈哈。

是小嘎!

哇啊～～

啄

你們看這個!

鳥的某些特徵是從恐龍進化而來的,

雖然恐龍滅絕了,但以鳥的姿態生存至今。

原來如此!
「恐龍沒有滅絕」
是這個意思啊!!

砰 咚

國家圖書館出版品預行編目資料

科學驚奇探索漫畫1：恐龍白堊紀冒險 /
　小林快次監修；桃田さとみ漫畫；謝晴譯.
-- 初版. -- 臺中市：晨星，2017.04
　　面；公分. --（IQ UP；14）

譯自：恐竜白亜紀アドベンチャー

ISBN 978-986-443-247-9（平裝）

1.科學　2.漫畫

308.9　　　　　　　　　　106002086

IQ UP 14

科學驚奇探索漫畫 1-恐龍白堊紀冒險
恐竜白亜紀アドベンチャー

監修	北海道大學綜合博物館 小林快次
漫畫	桃田さとみ
企劃	土屋健
譯者	謝晴
責任編輯	呂曉婕
封面設計	王志峯
美術設計	黃偵瑜

填線上回函
送 Ecoupon

創辦人	陳銘民
發行所	晨星出版有限公司
	台中市 407 工業區 30 路 1 號
	TEL：（04）2359-5820　FAX：（04）2355-0581
	行政院新聞局局版台業字第 2500 號
法律顧問	陳思成律師
初版	西元 2017 年 04 月 01 日
再版	西元 2024 年 02 月 26 日（三刷）
讀者專線	TEL：02-23672044 / 04-23595819#212
	FAX：02-23635741 / 04-23595493
	E-mail：service@morningstar.com.tw
網路書店	http://www.morningstar.com.tw
郵政劃撥	15060393（知己圖書股份有限公司）
印刷	上好印刷股份有限公司

定價 280 元

（缺頁或破損，請寄回更換）
ISBN　978-986-443-247-9
Kyoryu hakuaki Adventure
© Gakken Plus 2015
First published in Japan 2015 by Gakken Plus Co., Ltd., Tokyo
Traditional Chinese translation rights arranged with Gakken Plus Co., Ltd.
through Future View Technology Ltd.
Traditional Chinese edition copyright©2017 MORNING STAR
PUBLISHING INC.
All rights reserved.
版權所有・翻印必究